Wandering with Fragrance

Visions and Inner Worlds in Ancient Chinese Incense Culture

# 与香同游

## 古代香事中的万象与心象

广州雪蕾香氛博物馆
国文创（北京）文物保护文化发展有限公司
编著

海洋出版社
2025年·北京

图书在版编目（CIP）数据

与香同游 / 广州雪蕾香氛博物馆，国文创（北京）文物保护文化发展有限公司编著. --北京：海洋出版社，2025. 7.
ISBN 978-7-5210-1552-2
Ⅰ. Q949.97-49

中国国家版本馆CIP数据核字第2025LG5087号

责任编辑：邢　楠
装帧设计：赵　阳
责任印制：安　森
海洋出版社　出版发行
http://www.oceanpress.com.cn
北京市海淀区大慧寺路 8 号　邮编：100081
北京博海升彩色印刷有限公司印刷　新华书店经销
2025年8月第1版　2025年8月第1次印刷
开本：787mm × 1092mm　1/16　印张：6.5
字数：140千字　定价：298.00元
发行部：010-62100090　总编室：010-62100034

**指导单位** 中国文物交流中心

**展览主办** 雪蕾香氛博物馆

**展览承办** 国文创（北京）文物保护文化发展有限公司

**展览支持** 北京懋隆文化产业发展有限公司

**特别鸣谢** 中国热带农业科学院香料饮料研究所

中国医学科学院药用植物研究所海南分所

**编 委 会**

主　　编 翁振国

执行主编 翁浩聪 王海燕

执行副主编 翁 彤 方 言

撰　　稿 赵欣怡 李婉玉 梁文会

**展览团队**

总 监 制 翁振国 王海燕

总 策 展 翁浩聪 翁 彤 方 言

展览协调 顾晓铮 赵欣怡

内容策划 傅春鸣 赵欣怡 李婉玉 牛子芊 梁文会

形式设计 余智斌 马思远 郑博锴 王泽雨 郝超军

执行策展 赵欣怡 李婉玉 郝超军

## 主编寄语

# 与香同游

广州市雪蕾化妆品有限公司董事长、雪蕾香氛博物馆创办人
翁振国

香，是时光的见证者，与人类文明同频共振。从祭祀的庄严到养性的风雅，再到时尚的灵动，它跨越千年，始终以无形的艺术滋养着我们的感官。当香气与触觉、听觉、视觉、味觉交织，世界便在一呼一吸间展开一幅多维的画卷，演绎着“香通万物，鼻观大千”的永恒之美。

我与香的邂逅始于1995年。从初识香水到创立品牌，从销售到研发，三十载春秋，我亲历了国内香水行业的萌芽与成长，也深深体会到香的文化底蕴。中国自古便是用香大国，香文化在宋代达到鼎盛，与生活水乳交融。如今，香氛文化再度兴起，消费习惯渐成风尚，市场前景令人憧憬。借此契机，我愿将多年游历世界的见闻、对香氛历史的研究，以及对香精技术、调香艺术的领悟，倾注于这座香氛博物馆中。希望它能成为一扇窗，让更多人接触香、感知香、爱上香，进而了解香氛行业，甚至投身其中，探索它的无限可能。

雪蕾香氛博物馆志在打造全球规模最大、内容最丰富、体验最专业的嗅觉艺术空间，让中国香文化自信地立于世界舞台。此次与中国文物交流中心合作的临展《与香同游：古代香事中的心象与万象》，正是我们践行初心的尝试。通过自然的馈赠，我们追溯古老的香文化，品味国人的风雅，以科技为媒，打破时空界限，开启一场感官与智慧的奇妙对话。

博物馆的筹建虽由企业独立完成，但因资源有限，难免留有遗憾。我谨以此馆作为香氛文化传播的一小步，期待各界同仁与爱好者不吝赐教，携手完善，共同将其打造为全球香氛领域的标杆。愿本次临展圆满成功，成为香氛之旅的璀璨起点，引领每一位访客踏入充满想象的芬芳世界。

## 专家寄语

# 中国的芳香植物与文化

国家植物园（北园）科普馆副馆长、高级工程师、副研究馆员

陈红岩

丰饶的芳香植物，塑造了中国独特的气味美学。“几段角团随俗好，一尊绿酒带蒲香”是端午节清冽的草木香；“半醉凌风过月旁，水精宫殿桂花香”是中秋节浓郁的桂花香；“疏影横斜水清浅，暗香浮动月黄昏”是江南烟雨中令人魂牵梦萦的梅花香。

我国芳香植物分属100余科，共500多种，占世界已知芳香植物的18%，是名副其实的“芳草之国”。汉代《说苑》便以芳草之繁比喻华夏人才之盛：“十步之泽，必有香草；十室之邑，必有忠士。”我国芳香植物的类型也很多样，香花植物有含笑、栀子、兰花、桂花等名贵花卉；香草植物有艾草、薄荷、紫苏、缬草等著名草本；香果植物有佛手、木瓜等芬芳果木；香木植物有月桂、香樟、楠木、松柏等重要乔木。早在两千多年前的《楚辞》中，就书写了芝、兰、荃、荪、菊、芷、蕙、芙蓉、杜衡等30余种芳香植物，开启了“香草美人”的独特意象；到清代的《红楼梦》，更描摹出一座“仙花馥郁，异草芬芳”的锦绣香园，将中国人的喜怒哀乐，都染上了一抹淡淡的草木幽香。

从植物分类上看，我国芳香植物主要集中于芸香科、菊科、樟科、木兰科等。芸香科是最古老的芳香植物类群之一。商代殷墟亚长墓中，墓主身下就铺满一层花椒，以防腐防虫。古人祭祀神灵、庆祝节日也要饮用椒酒，“选其馨香，洁其酒醴”。菊科芳香植物，则与中国人的生活息息相关。端午前后要悬艾人、戴艾虎、洗艾浴，用艾草的芳香物质杀死细菌，以驱邪辟秽。《离骚》中“纫秋兰以为佩”的“兰”，也是菊科植物“佩兰”。此外，“暗折花房须日暮，遥将香气报人知”的木兰科，“风散林香落浦沙，吹来何处野人家”的樟科，都是我国重要的芳香植物类群。

从地理分布上看，我国芳香植物广布全国，各地均有不同的香调与文化。东北地区气候寒冷，盛产暴马丁香、铃兰、杜香、樟子松，其味清烈芬芳，余韵悠然；华北地区四季分明，出产玫瑰、薄荷、侧柏、香薷，其味大气端庄，舒展自然；华东地区气候温和，拥有香榧、芳樟、

山苍子、栀子、代代，其味温雅内敛，含蓄柔和；华南地区气候炎热，出产肉桂、含笑、香茅、茉莉，其味热情似火，令人一嗅倾心。此外，我国西南地区物产丰富，号称“香料王国”；西北地区大量种植玫瑰、薰衣草、七里香，成为世界著名的芳香植物产地。

《周易》云：“同心之言，其臭如兰。”一缕缕植物的芬芳，仿佛晕染了五千年的水墨长卷，记录着中国人的智慧、温雅与浪漫，至今仍在你我的鼻尖轻柔地蔓延。

## 专家寄语

# 植物香料的千年传奇

中国科学院植物研究所
王英伟、孙英宝

植物香料，这些散发着迷人气息的大自然精华，伴随着人类文明跨过了漫长岁月。从远古祭祀的袅袅香烟，到现代厨房的调味佳品；从帝王贵族的奢侈享受，到寻常百姓的日常用品，香料不仅改写了人类饮食的历史，更深刻影响了文化、医学、贸易乃至世界社会发展格局。

### 香料起源：植物芳香与人类文明的初次邂逅

在人类文明的黎明时期，人类的祖先就已经开始有意识地利用植物的芳香特性。考古证据显示，早在公元前3500年的古埃及，人们就已经熟练使用香料进行尸体防腐，著名的埃及法老曼乃斯墓中出土的油膏缸内，树脂或香膏类物质历经五千余年仍保留着微弱香气。

中国对香料植物的利用同样源远流长。春秋战国时期，虽然受限于中土温凉气候，可用的本土香料种类不多，但人们已经巧妙运用兰（泽兰）、蕙（蕙兰）、椒（椒树）、桂（桂树）、萧（艾蒿）、郁（郁金）、芷（白芷）、茅（香茅）等植物。战国时期，古人们不仅简单地焚烧或佩戴这些植物，还发展出煮汤（兰、蕙）、熬膏（兰膏）、以香料（郁金）入酒等复杂应用方式，显示出对植物芳香成分提取和利用的初步认识。

《诗经》中记载的132种植物里，许多都与香料使用相关。屈原在《离骚》中留下的“扈江离与辟芷兮，纫秋兰以为佩”“朝饮木兰之坠露兮，夕餐秋菊之落英”等诗句，不仅反映了当时贵族对香草的喜爱，更记录了古人将芳香植物融入日常生活的多种方式。

特别值得一提的是，战国时期的《黄帝内经》已经详细记载了草果、丁香、藿香等芳香药物的医学应用，表明当时人们对植物香气的药用价值有了系统认识。这种将芳香植物同时用于精神享受和身体疗愈的双重应用模式，成为中国香文化的一大特色，并一直延续至今。

艾蒿　*Artemisia argyi*

菊科芳香草本，叶背银白如霜，揉之散发清苦药香。自古为端午辟邪圣物，制绒可灸百病，驱蚊熏香亦是一绝。其味微辛，能温经散寒，民间常作青团、药浴。

花椒　*Zanthoxylum bungeanum*

厨房的“味觉刺客”，红褐外皮下藏着麻香炸弹。咬破一粒，舌尖先触电般酥麻，后泛起柑橘般的果木香，是川菜灵魂所在。古人以“椒房”喻其珍贵，现代人则用它演绎麻与辣的变奏曲——既是卤味的秘密音符，也是蘸料里的点睛之笔。

## 丝绸之路上的芳香贸易：植物传播与文化交融

随着秦汉时期国家的统一和疆域扩大，中国香料文化迎来了第一次重大变革。南方湿热地区出产的香料逐渐进入中土，而“陆上丝绸之路”和“海上丝绸之路”的活跃，更将南亚及欧洲的许多珍稀香料引入中国。檀香、沉香、龙脑、乳香、甲香、鸡舌香等在汉代已成为王公贵族的炉中佳品。这一时期的香料贸易不仅改变了中国人的用香习惯，更在植物传播史上留下了浓墨重彩的一笔。

香茅　*Cymbopogon*

又称柠檬草，禾本科多年生草本。其茎叶修长如剑，散发清冽的柠檬香气。其富含香茅醛与柠檬烯，是天然驱蚊明星，可制精油、香薰或直接悬挂，让蚊虫避之不及。夏日里，一缕鲜爽草香既能醒神，又能筑起芳香屏障，堪称“绿色蚊帐”。

草果　*Amomum tsaoko*

姜科辛辣香果，形如橄榄，外壳皱褶如龙鳞。其味辛烈窜透，能破滞除瘴，是卤味灵魂、火锅良伴，一缕浓香醒脾胃。

檀香与沉香：这两种香料都需要数十年甚至上百年才能形成理想品质，其稀有性使它们成为古代国际贸易中的“液体黄金”。汉朝宫廷中流行的“香方”概念——即由多种香料依特定比例调和而成的复合香品，标志着中国用香方式从单一香料到复合香料的重大转变，这种转变背后是对不同植物芳香成分协同作用的深入认识。

南北朝时期，随着佛教的兴盛，香料在宗教仪式中的作用被极大强化。僧人们在诵读经文时燃烧沉香、檀香、龙脑等珍贵香木，不仅营造出宁静神秘的氛围，从现代科学角度看，这些香料燃烧释放的芳香分子还具有调节脑波、帮助集中注意力的作用。

丁香　*Syzygium aromaticum*

桃金娘科小乔木，花蕾入药称“公丁香”，其形似铁钉，色棕红。其香烈而暖甜，可温中止痛，既是卤味秘料，又为古时口香糖，一缕芬芳越千年。

藿香　*Agastache rugosa*

唇形科芳香草本，叶翠穗紫，含挥发油，能化湿解暑，是夏季常用中药——藿香正气水的君药，此外也可作调味料或用于药浴。

隋朝虽然短暂，却在香料史上占据重要地位。隋炀帝设立的“香药局”专门为皇宫采购珍稀香料，而名医巢元方所著的《诸病源候论》则记载了许多香料药方——如丁香治疗胃寒呃逆，沉香用于安神定喘。隋朝还发展出了以丁香汁制作口脂等美容应用，开启了香料在个人护理领域的新篇章。

唐朝是香料贸易的黄金时代，随着对外贸易的空前繁荣，西域的大批香料通过丝绸之路源源不断运抵中国。安史之乱后，虽然陆上丝绸之路受阻，但海上丝绸之路的兴盛使香料贸易更加繁荣。唐朝社会对香料的应用达到了前所未有的精细化程度——会客用香、卧室用香、办公用香、修炼用香各不相同；佛家香、道家香各具特色。

檀香 *Santalum album*

檀香树之所以被称为“黄金之树”，是因为其心材是名贵的中药，且心材粉碎后，可以提炼俗称为“液体黄金”的名贵精油。檀香，木中君子，色如蜜蜡，香似甘霖。其味清冽沉静，可安神辟秽，既是佛前圣品，又增雅室幽韵。

## 从合香到线香：宋元明清香料应用的精致化

宋代是中国香文化的鼎盛时期，香事活动从宫廷贵族扩展至普通百姓，遍及社会生活的方方面面。宋人用香的精致程度令人惊叹——居室厅堂有熏香，宴会庆典焚香助兴，还有专人负责香事；不仅有熏烧的香，还有各式精美香囊香袋，甚至在制作点心、茶汤、墨锭时也会调入香料。

宋代香文化的重大发展，体现为隔火熏香技术的流行——不直接点燃香品，而是通过炭火隔片缓慢熏烤，这种方法既消除了烟气，又使香味散发更加舒缓。宋代的合香配方种类大增，制作工艺更加精良，还发展出香印（香篆）、香饼、香丸等多种形式。洪刍所著《香谱》详细记载了龙脑、麝香、白檀、苏合香、郁金、丁香、兰香、迷迭香、芸香、甘松等81种香料的产地、性质和应用，几乎涵盖了当时所有的已知香料种类。

元明时期，香料应用继续发展并走向普及。明朝时线香开始广泛使用，并形成了成熟的制作技术。《本草纲目》中记载的使用白芷、甘松、独活、丁香、藿香、角茴香、大黄、黄芩、柏木等为香末，加入榆皮面作糊和剂制作线香的方法，是现存最早的关于线香的文字记录。《本草纲目》中专辟“芳香篇”，收录近60种药用香料植物的性质、用途和功能，如记载香附子“煎汤浴风疹，可治风寒风湿”。

清朝后期，香料使用已完全普及到百姓之家。19世纪初期出现了专业化妆品作坊，如上海的妙香宝香粉局和戴春林香粉局、杭州的孔凤春香粉局等。这些民间香坊主要生产百姓用的香粉和宫廷用的宫粉，标志着香料从奢侈品向日常用品的转变。

迷迭香 *Rosmarinus officinalis*

欧洲是迷迭香原料的主要产地之一。地中海沿岸的国家，如西班牙、意大利、希腊和法国，拥有适宜的气候条件和土壤环境，为迷迭香的生长提供了良好的条件。我国西北部分地区，尤其是甘肃南部也是迷迭香的理想种植区。

## 香料科学：从传统经验到现代认知

提到名字中带有香字的植物，除上述介绍过的沉香、檀香、降香、苏合香、安息香等，还有金边瑞香、结香、香柏、松香草、晚香玉、连香树、留兰香、木香薷、木香花、土木香等。这些无疑都是人们对植物香气最直接的记录。

传统香料应用虽然建立在经验基础上，但许多做法与现代科学发现惊人的一致。从植物学角度看，大多数香料植物的芳香成分都属于次生代谢产物，可分为萜类化合物、芳香族化合物和脂肪族化合物三大类。这些

黄芩 *Scutellaria baicalensis*

唇形科多年生草本，根如老姜色金黄。茶饮中取其清冽，可解燥退热，与薄荷、甘草配伍更添层次。古人谓之“泻火圣药”，今人杯里浮沉间，苦后回甘，恰似人生况味。

物质只有在特定条件下（如组织损伤、酶解或加热）才会释放出挥发性香气成分。古人通过焚烧、蒸煮、浸泡等方式提取和应用这些芳香物质，本质上是对植物化学物质的早期利用。

香料防腐的科学原理直到现代才被完全阐明。古埃及人用香料保存木乃伊，中国汉代墓葬中也发现使用香料防腐的证据。现代研究证实，某些香料提取物的抗菌效果甚至优于一些合成防腐剂，这解释了为什么香料在古代食品保存和尸体防腐中如此重要。

香料在医学中的应用同样有其科学基础。中医理论认为芳香药物多具有“通窍、行气、解郁、辟秽”等功效。现代药理学研究表明，许多香料成分确实具有特定的生物活性：樟脑可刺激皮肤感受器并具有轻微局部麻醉作用；薄荷醇能激活冷感受器产生清凉感；而檀香醇则被证实具有镇静和抗焦虑效果。

香料在心理学和情绪调节方面的作用也日益受到科学界重视。宋代“隔火熏香”创造的舒缓香气环境，与现代芳香疗法中通过嗅觉刺激边缘系统来调节情绪的做法原理相同。

香料提取技术的演变同样反映了人类对植物化学认识的深化。从最初的简单焚烧，到8—10世纪阿拉伯人开始用蒸馏法提取玫瑰油；从1420年蛇形冷凝器的使用使精油蒸馏技术飞跃，到现代超临界$CO_2$提取等精密技术的应用，香料提取史就是一部浓缩的化学技术进步史。

## 香料的现代传承与文化反思

进入现代社会，香料的生产和应用发生了翻天覆地的变化。人工合成香料的大规模生产使香料成本大幅降低，普及到日常生活的各个角落。今天的香料不仅用于烹饪调味，还广泛应用于化妆品、洗涤剂、空气清新剂等产品中。从超市货架上的洗发水到高级餐厅的创意料理，从五星酒店的香氛系统到家庭用的洗衣凝珠，香料以各种形式渗透进现代生活的方方面面。随着人们对健康和生活品质的追求，天然香料重新受到青睐。茶道、香道等传统文化活动中，古法合香技艺被重新发掘和实践。

当我们回顾香料从远古到现代的发展历程，不禁惊叹于这些植物芳香物质对人类文明的深远影响。从最初的宗教祭祀用品到国际贸易的重要商品，从王公贵族的奢侈品到寻常百姓的日常用品，香料的历史就是一部浓缩的人类文明发展史。在科技高度发达的今天，香料依然保持着其独特的魅力——它不仅是化学分子，更是文化与记忆的载体，连接着人类的过去、现在与未来。

在这个充斥着人工合成物质的时代，天然香料所代表的那种与自然和谐共处的智慧，或许正是现代人最需要重新学习的功课。当我们点燃一支线香，或是在烹饪时撒入几粒香料，我们参与的不仅是一种感官体验，更是一个延续数千年的文化传承。

结语：珍贵野生香料植物资源保护正面临前所未有的挑战。许多传统香料植物如沉香、檀香因过度采伐而濒临灭绝。得益于现代种植技术的应用——如印度檀香的人工栽培、中国沉香的接种结香技术等，为这些珍贵香料植物资源的可持续利用提供了可能，也减少了对野生资源的依赖。相信在习近平生态文明思想指导下，传承千年的香料植物资源，会继续谱写更多传奇，为美好生活注入更多活力。

（供图：刘冰、林秦文、孙宝英、叶建飞等）

# 序言

一缕烟，从山野飘至案头，由实转虚。

它无形，却勾勒出时间的轮廓；它缥缈，却沉淀着精神的重量。

香事千年，是一场关于存在的隐喻——当本草初萌、器物静候、心灵内观，香气始终游走于虚实之间，徘徊在物我之际。

此刻，我们以香为舟，溯流时光之河。不必追问它从何而来，只需静听它如何在呼吸间，将天地、匠意与灵性悄然串联。烟起之时，世界便隐入另一种语言——不诉诸文字，只化为气息、记忆与凝视。

# 目 录

## 第一部分 · 本草有灵



## 第二部分 · 花信芬芳

## 第三部分·炉烟禅心



## 第四部分·怀袖生香

# 第一部分

# 本草有灵

草木不言，自有其香。

这里陈列着最原始的芳香记忆——荜拨蜷曲的果穗、山苦茶舒展的叶片、香茅修长的茎秆、肉桂斑驳的树皮……每一道纹路都是自然的密语，每一处形态皆暗藏芬芳的玄机。它们曾生长在岭南湿热的山谷、滇南雾霭的丛林、西域炙热的沙壤，如今以标本的形式，静述着人类如何从草木的肌理中窥见香气的踪迹。它们沉默地诉说着：所有雅致的炉香、精巧的香器，最初都源自这些野蛮生长的生命。

## 草果

别名红草果。姜科豆蔻属多年生草本植物。草果茎丛生，高达3米，全株有辛香气，地下部分略似生姜。果皮成熟时呈红色，干后褐色，有显著的纵沟及棱线。

## 山苦茶

别称鹧鸪茶。属于大戟科、毛果算盘子属，是一种小乔木或灌木。其植株高度可达1—3米，小枝呈灰褐色，叶片互生，通常为长圆形、倒卵状长圆形或披针形，表面呈绿色，蕴含着微微的木质香调。

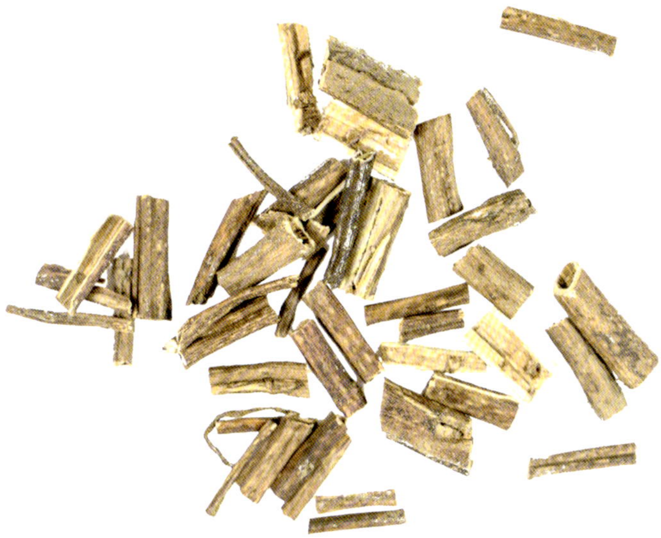

## 香茅

别名柠檬草。禾本科香茅属多年生密丛型具香味草本。全株有柠檬香气，植株高达2米，具有浓郁的草本植物的清香。

## 排香草

又名香排草、香草。报春花科植物细梗香草的全草，植株高度通常在40—60厘米之间，叶为互生，形状多为卵形至卵状披针形。排香草全草含有丰富的挥发油等成分，这些成分赋予了它独特而浓郁的香气。

## 艾纳香

别称大风艾、大风药、大艾叶。多年生草本或亚灌木。其茎密被黄褐色柔毛；下部叶宽椭圆形或长圆状披针形，边缘有细锯齿，上面被柔毛，下面被淡褐色或黄白色密绢状绵毛；上部叶长圆状披针形或卵状披针形。头状花序于茎、枝顶排成具叶的大圆锥状；花冠黄色。瘦果圆柱状。产于我国福建、广东、广西、贵州、海南、台湾、云南。枝、叶、花序可提取芳香油，用来调制香精。

## 肉桂

别称桂皮、玉桂，其嫩枝可称桂枝。乔木。叶革质，离基三出脉，互生或近对生，长椭圆形至近披针形，先端稍急尖，基部急尖；叶上面无毛，下面疏被黄色短茸毛。圆锥花序腋生或近顶生，花白色；花被裂片卵状长圆形。果椭圆形，果托浅杯状，边缘有时略具齿。花期6—8月；果期10—12月。原产于中国，福建、广东、广西、台湾、云南等省区广为栽培。树皮、枝、叶、花、果、花梗可提制桂油，为合成桂酸等香料的重要原料，或可用作化妆品原料，亦供巧克力及香烟配料；肉桂粉作为香料在西方国家和地区通常用于烘焙、甜品、咖啡和腌制肉类食品。

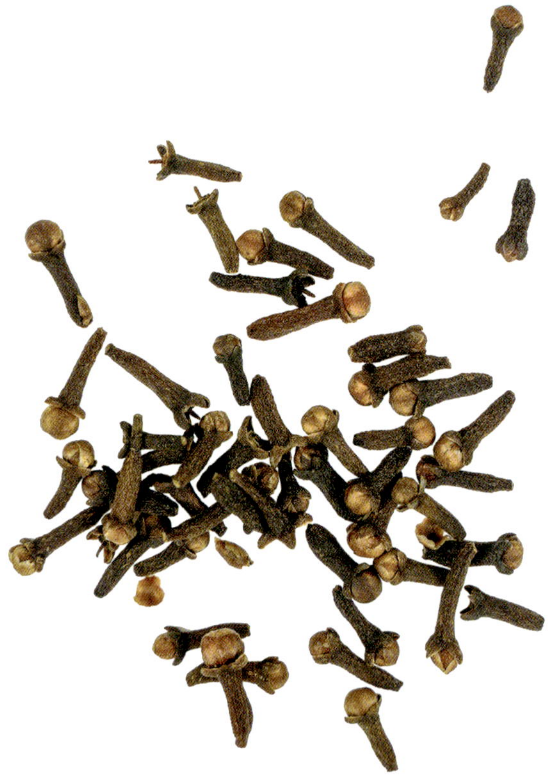

## 桂花

常绿灌木或小乔木，高1.5—15米。树皮粗糙，灰褐色或灰白色。叶对生，椭圆形或长椭圆形，常见栽培品种叶多全缘，部分野生类型上半部疏生细锯齿。花小，黄白色，3至5朵生于叶腋，呈聚伞状，香气极浓。

## 丁香花

木樨科丁香属植物，多为落叶灌木或小乔木（部分野生种为常绿），小枝近圆柱形或带四棱形，叶对生，单叶，稀复叶，全缘。花两性，聚伞花序排列成圆锥花序，花冠漏斗状、高脚碟状或近幅状，裂片4枚，花色丰富，香气浓郁芬芳，具有很强的辨识度。

## 红豆蔻

别称大高良姜、红蔻、大良姜。多年生草本，高可达2米。叶长圆形或披针形，顶端短尖或渐尖，基部渐狭；叶两面无毛或背面被长柔毛；叶舌近圆形。圆锥花序密生多花，顶生，花序轴被毛；花绿白色，有异味，花冠裂片长圆形，唇瓣倒卵状匙形，白色，具红色脉纹，顶端深2裂；花萼筒状，在果期宿存。果长圆形。花期5—8月；果期9—11月。生于山野沟谷阴湿林下或灌木丛中和草丛中。产于我国福建、广东、广西、海南、台湾、云南等省区。根状茎具香味，可制香料；果实具香味，可作调味料。

## 黄兰含笑

木兰科含笑属的常绿乔木，树高可达10余米，树皮灰色，枝斜上展，呈狭伞形树冠，花黄色，花被片15—20片，倒披针形，长3—4厘米，宽4—5毫米，花芳香浓郁，树形美丽，是著名的观赏树种。

## 砂仁

别称春砂仁、阳春砂仁。多年生草本，高可达3米。中部叶片长披针形，上部叶片线形，顶端尾尖，基部近圆形；叶两面无毛；叶舌半圆形；叶鞘具方格状网纹。穗状花序椭圆形；花冠白色，花冠裂片倒卵状长圆形；唇瓣圆匙形，顶端具2裂、反卷的尖头，中央具黄色和红色斑纹；花萼管状，白色，顶端3浅裂，基部疏被柔毛。果椭圆形，成熟时紫红色，表面被柔刺。花期5—6月；果期8—9月。生于山地阴湿处。原产于我国福建、广东、广西和云南。果实具香味，可作调味料。

## 假黄皮

别称野黄皮、山黄皮、过山香。小灌木，高1—2米；小枝、叶轴均密被向上弯的短柔毛且散生微凸起的油点。小叶21—27对，不对称，斜卵形、斜披针形或斜四边形；两面被毛或仅叶脉有毛，老叶几无毛。花序顶生；花蕾圆球形；花瓣白色或淡黄白色，卵形或倒卵形。果椭圆形，成熟时由暗黄色转为淡红色至朱红色，毛尽脱落。生于低海拔丘陵、灌丛或疏林中。产于我国福建、广东、广西、海南、台湾、云南南部。柬埔寨、老挝、缅甸、泰国、印度、越南等地也有分布。果实经过腌制加工，可成为调味上品，有独特香味。

## 青花椒

别称野椒、青椒、山花椒。灌木，高达2米；茎枝无毛，基部具侧扁短刺。奇数羽状复叶，叶轴具窄翅；小叶7~19对，互生，宽卵形、披针形或宽卵状菱形。伞房状聚伞花序顶生；花瓣淡黄白色，长圆形。生于山地疏林或山坡灌丛中。产于我国安徽、福建、广东、广西、贵州、河北、河南、湖北、湖南、江苏、江西、辽宁、山东、台湾、浙江。果可当花椒代品，作食品调味料。

## 山鸡椒

别称山胡椒、山姜子、山苍子。落叶灌木或小乔木，高可达10米。叶纸质，羽状脉，互生，披针形或长圆形，顶端渐尖，基部楔形；叶两面无毛。伞形花序单生或簇生于叶腋，具4～6朵花；花单性，黄绿色；花被裂片宽卵形。果近球形，成熟时红色。花期2—3月；果期7—8月。常见生于向阳的山地或林中路旁，海拔500—3200米。产于我国安徽、福建、广东、广西、贵州、湖北、湖南、江苏、江西、四川、台湾、西藏、云南、浙江等省区。东南亚各国也有分布。根、茎、叶、果实可用于提取柠檬醛，可用于医药制品和配制香精。

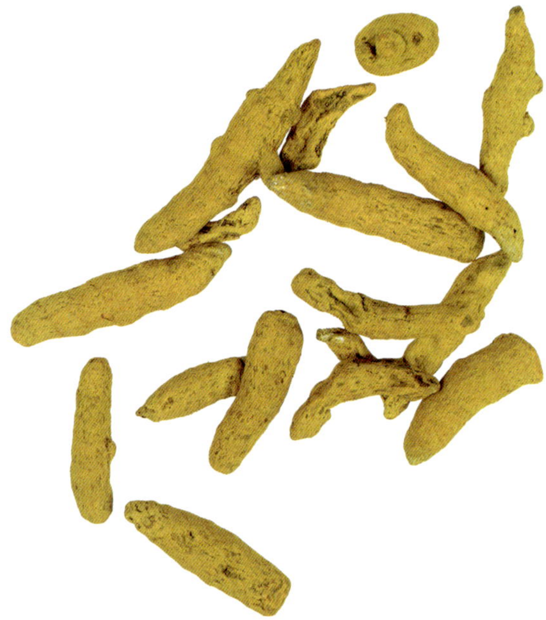

## 姜黄

别称宝鼎香、黄丝郁金（部分地区块根称谓）。多年生草本；根状茎椭圆形或圆柱状，须根末端常膨大成块根。叶长圆形或椭圆形，顶端短渐尖，基部渐狭；叶两面无毛。圆柱状穗状花序由叶鞘内抽出，下部可育苞片绿色，卵形，上部不育苞片长圆形，白色或浅粉红色；花冠浅黄色，花冠裂片三角形；唇瓣倒卵形，淡黄色，中部具深黄色斑纹；花萼白色。花果期7—9月。产于我国福建、广东、广西、台湾、西藏、云南等省区。东亚及东南亚广泛栽培。根状茎芳香，可制香料（含姜黄素，也作中药材）。

## 蕺菜

别称鱼腥草、折耳根。草本，高30—60厘米；茎下部伏地。叶薄纸质，有腺点；卵形或阔卵形；两面有时除叶脉被毛外余均无毛，背面常呈紫红色；叶脉5—7条。花序无毛；总苞片长圆形或倒卵形。蒴果顶端有宿存的花柱。花期4—7月。生于沟边、溪边、林下、湿地及田边。产于我国中部、东南至西南部各省区，海南有分布。全株可食用；嫩根茎常作调味品或蔬菜。

## 四季橘

别称小青柑、酸柑。常绿灌木，成熟的植株可以长到2—6米高。叶片单生，长椭圆形；叶柄具狭翅。花瓣4～5片，白色；芳香。果实成熟后黄绿色或黄色；囊瓣7—14瓣。全年可开花结果。我国海南有栽培。果实非常酸，但有很多食用用途，例如添加到果汁中，我们常喝的青橘柠檬茶中的青橘就是用的四季橘的果实；在海南当地，家家户户都会用四季橘替代醋当蘸料。

## 圣罗勒

别称泰罗勒。半灌木，高达1米。茎多分枝，被平展柔毛。叶长圆形，具浅波状锯齿，两面被微柔毛及腺点。轮伞花序，着花6朵，组成圆锥花序；苞片心形；花萼钟形；花冠白或粉红色，喉部膨大，冠檐二唇形，上唇短，下唇长圆形。小坚果卵球形。花期7—9月；果期9—12月。生于干燥沙质草地上。产于我国广东、海南、四川、台湾。全株可提取精油。

## 黄花胡椒

攀缘藤本，高达10米。叶硬纸质，椭圆形或卵状长圆形；叶脉3—5条基出，最上一对侧脉在叶片1/3处从中脉发出，弯拱上升，余者侧脉近基出。花黄色，单性，雌雄异株，聚集成与叶对生的穗状花序；雄花序纤细；雌花序近果成熟期长可达18厘米。浆果球形，黄色。花期11月至翌年4月。生于山谷、沟边密林中，攀缘于大树上。原产于我国云南，海南有栽培。黄花胡椒抗病性好，可用作胡椒（*Piper nigrum L.*）砧木。

## 竹叶花椒

别称野花椒、山花椒、土花椒。小乔木，高达5米。枝有皮刺，水平或弯斜，基部扁而宽。奇数羽状复叶；叶轴、叶柄具翼；小叶2～4对，对生，披针形、椭圆形或卵形，下面中脉常被小刺。聚伞圆锥花序生于叶腋或小枝顶端；花小，淡黄绿色；花被片三角形。果紫红色，圆球形。花期4—5月；果期8—10月。生于山坡灌丛中。产于我国东南部至西南部地区，最南至广东南部，最北达秦岭。果可作调味香料。

## 假蒟

别称蛤药。多年生、匍匐、逐节生根草本。叶近膜质，有细腺点，下部的阔卵形或近圆形；叶脉7条。花单性，雌雄异株，聚集成与叶对生的穗状花序；花序轴被毛。浆果近球形，具四角棱，无毛，基部嵌生于花序轴中并与其合生。花期4—11月；果期6—12月。生于林下或村旁湿地上。产于我国福建、广东、广西、贵州、海南、西藏（墨脱）及云南。巴布亚新几内亚、菲律宾、马来西亚、印度、印度尼西亚、越南也有分布。叶片可以用作蔬菜和调料食用。海南当地人经常用其叶片炒鸡蛋。

## 清香木

别称紫油木、清香树、香叶树。灌木或小乔木，高达8米。偶数羽状复叶具8～18小叶，叶轴具狭翅，被微柔毛，上面具槽；小叶长圆形或倒卵状长圆形，先端具芒刺状硬尖头，全缘。密穗状圆锥花序腋生；花小，紫红色；小苞片1枚，卵圆形；雄花花萼5—8裂，裂片长圆形或长圆状披针形；雄花花萼7—10裂，裂片卵状披针形。核果球形，紫红色。生于石灰山林下或灌丛中。产于我国广西、贵州、四川、西藏、云南。叶可提取芳香油，整株可作盆景观赏。

## 肉豆蔻

又名肉蔻、肉果、玉果、麻醉果。肉豆蔻科肉豆蔻属常绿乔木，是一种重要的香料、药用植物。原产热带亚洲（印尼马鲁古群岛为核心产区），现东南亚、加勒比海地区（如格林纳达）及美洲热带地区广泛栽培，尤以印度尼西亚产量最大。肉豆蔻果实可制两种常见香料：豆蔻核仁和肉豆蔻皮，用于食品、菜肴的调味，其果仁可制作香精油。

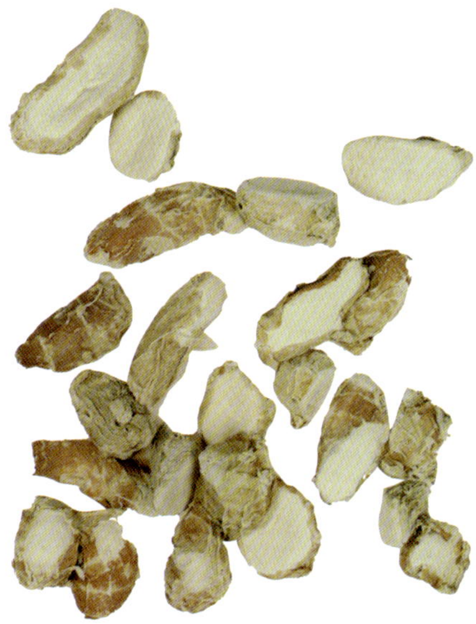

## 胡椒

又名黑川。胡椒科胡椒属的攀缘状藤本植物。果实在晒干后通常可作为香料和调味料使用，气味辛辣。胡椒原产于印度南部，在当地和其他热带地区都有着广泛的种植。胡椒的果实在熟透时会呈现黑红色，并包含1粒种子；果实在晒干后会成为直径5毫米的胡椒子浆果。

## 山柰

根茎为芳香健胃剂，有散寒、祛湿、温脾胃、辟恶气的功用；亦可作调味香料。从根茎中提取出来的芳香油，可作调香原料，定香力强。

## 荜拨

胡椒科胡椒属多年生草质攀缘藤本植物。茎纤细，节部生根，叶互生、卵形。其香气扑鼻，不仅带有胡椒的辛辣气息，更融入了木质与松脂的馥郁芬芳，为调香艺术带来了层次分明的嗅觉体验。

## 可可

锦葵科可可属常绿乔木。蒴果椭圆形或长椭圆形，初为淡绿色，后变为深黄色或近于红色，干燥后为褐色。原产于美洲中部及南部，16世纪以后传入亚洲和非洲，在我国主要分布在台湾、广东、海南和云南南部等地区。可可豆中有数百种化合物成分，能增加香气和风味，其气味难以用特定的词语形容：辛辣、果味、生涩、花香、明亮、刺激性，都是可可带给人们的嗅觉感受。

## 罗勒

唇形科罗勒属一年生草本植物。叶片呈卵圆形至卵圆状长圆形，对生，边缘具不规则疏齿或近全缘，叶色多为绿色，有的品种叶片带有紫色调，表面光滑，叶脉清晰，揉碎后会散发出浓郁的香气。

## 迷迭香

唇形科迷迭香属多年生常绿小灌木。作为香料使用时，主要是利用它的叶子部分。叶片细小狭长，革质，上面暗绿色，下面白色，干燥后的叶片香味更加浓郁且持久。

## 众香

又名多香果。桃金娘科多香果属常绿乔木。树高可达10—15米，树皮呈灰白色。叶片为长椭圆形，对生，革质，全缘，表面亮绿色，背面淡绿色，揉碎后有强烈的芳香气味。

## 散沫花

小花极香，除栽于庭园供观赏外，其叶可作红色染料，花可提取香油和浸取香膏，用于化妆品，且具备一定的药用价值。

## 芫荽

别名胡荽、香荽、香菜等。伞形科芫荽属一年生或二年生草本植物。原产于欧洲地中海地区，在世界范围内广泛种植。植株高20—100厘米，有淡淡的青草芳香。

## 红千层

小乔木，树皮灰褐色，叶片线形，穗状花序生于枝顶，花瓣绿色，雄蕊鲜红色。原产于澳大利亚东部沿海地区，花期6—8月，广东及广西有栽培。

## 胡椒

别称黑川、白川、玉椒。木质攀缘藤本。茎、枝无毛，节显著膨大，常生小根。叶厚，近革质，阔卵形至卵状长圆形，稀有近圆形，两面均无毛。花杂性，通常雌雄同株；花序与叶对生，短于叶或与叶等长。浆果球形，无柄，成熟时红色，未成熟时干后变黑色。花期集中在9—11月；果期翌年5—7月。原产于东南亚。现广植于热带地区。我国福建、广东、广西、海南、台湾、云南等省区均有栽培。果实在晒干后通常可作为香料和调味料使用。

## 中华辣椒

别称黄灯笼辣椒、黄辣椒。多年生草本。极多分枝。叶披针形或卵状披针形，边缘全缘或浅波状。花簇生于分枝处；花梗下垂；花萼杯状，具5～7小齿；花冠辐射状，白色至绿白色。果俯垂，似灯笼状，熟时红色或黄色。花期10月；果期12月。原产于南美洲。我国海南地区为主要产区。果极辣，为重要蔬菜，常加工成辣椒酱，为海南特产。

## 辣椒

别称菜椒、辣子、海椒。一年生草本或灌木状。叶长圆状卵形、卵形或卵状披针形，全缘。花单生或数朵簇生，俯垂；萼杯状，具5短尖；花冠辐状，白色，裂片长卵形。浆果俯垂，长指状，向顶端渐尖，弯曲，幼时绿色，成熟后变红色、橘黄色或紫红色。花果期5—11月。原产于南美洲。在明朝万历以后引入我国，现各地普遍栽培，可作为重要蔬菜及日用调味品。

## 鹧鸪菜

红叶藻科鹧鸪菜属植物。藻体叶状，丛生成片，干燥后藻体收缩变黑；叶片中央部分有明显中肋，延伸至顶端，中肋两侧各有两列以上细胞，中肋分枝点常生出一些次生副枝，有时也能长出毛状根；四分孢子囊集生于枝上部，圆形孢子囊群埋于藻体皮层内；囊果球状，生于分枝点上部或枝中肋的内面。藻体初见于冬季，成熟于春夏间。主要分布于我国浙江、福建、广东等地，日本、马来群岛、太平洋东岸、印度洋等地也有分布。

## 茴香

别称小茴香、茴香菜、松梢菜。一年生或二年生草本。茎直立，多分枝。叶轮廓呈阔三角形，2—3回羽状全裂，小裂片线形；中上部叶柄呈鞘状。复伞形花序顶生或侧生；花瓣黄色，倒卵形。果长圆形。花期5—6月；果期7—9月。原产于地中海沿岸地区。我国大部分地区有栽培。嫩叶可作蔬菜食用；果可提取芳香油，用作食品调味的香料。

## 孜然

一般指孜然芹（*Cuminum cyminum L.*）的芳香果，也可指孜然芹。一年生或二年生草本，高20～40厘米，除果实外全株光滑无毛。原产埃及、埃塞俄比亚。我国新疆有栽培，俄罗斯、地中海地区、伊朗、印度及北美也有栽培。孜然是一种常用的中草药，果实（种子）可入药，孜然嫩茎叶可作蔬菜食用，果实研成粉末可作调味品，还可作为复合香辛料。

## 手指柠檬

别称指橙、澳洲指橙、手指香檬。灌木，植株矮小，高约1米；树冠紧密，枝细节密，具细小茸毛。嫩叶带紫红色，刺多而细小；叶小无翼叶。花蕾小，白色，微显紫红色；花瓣3片，白色，盛开时先端向外卷。果实形如手指；果皮淡黄色、绿色、黄色、黑色、棕色或紫色；果肉汁胞粒状似珍珠，橙黄色、黄色或粉红色等。种子小，短卵形。原产于澳大利亚东部的热带和亚热带地区。法国、美国、日本也有分布。我国海南有栽培。可盆栽观赏，植株可作柑橘杂交亲本；果肉富含维生素C，美容养颜。

## 长耳树胡椒

别称墨西哥胡椒。常绿丛生状灌木或小乔木，高可达6米；枝、叶和花果序具有芳香气味。叶互生，全缘，纸质，椭圆形，先端尾尖，基部呈心形。穗状花序，与叶对生；花两性，极小，浅黄绿色。浆果卵形或球形，组成稠密圆柱形穗状体；果序弯曲，成熟时黑色，变软后脱落。种子小，黑褐色或黑色。常年开花结果。原产于拉丁美洲的墨西哥南部至哥伦比亚。我国海南兴隆热带植物园有引种栽培。叶片含有黄樟油，味道辛辣，具有芳香气味，常被用作香料；叶子在原产地常被用来做调味汤、炖菜、炖肉等。

## 红葱

别称小红蒜。多年生草本。叶纸质，质地柔嫩，具4—5条平行的纵脉；叶宽披针形或宽条形，顶端渐尖，基部楔形；叶两面无毛。花序为伞形花序状的聚伞花序，花白色；花被片6，倒披针形。果长椭圆形。花期5—6月；果期6—8月。生于丘陵山坡等排水性良好的沙壤地；多见于栽培。原产于西印度群岛。鳞茎可作为特殊香料煮食或者与肉一起炖汤。

## 琉球花椒

别称胡椒木。常绿灌木，高0.5—1米，具浓烈胡椒香味；茎部有疏刺。奇数羽状复叶，叶轴有狭翼，叶基有短刺2枚；小叶对生，倒卵形，密生腺体。雄花黄色，雌花红橙色。果椭圆形，绿褐色。花期3—5月。原产于琉球群岛、小笠原群岛。我国有栽培。琉球花椒叶具浓烈胡椒香味，其果实也常被用为烹饪的调味品。

## 巴西肖乳香

别称巴西胡椒木、巴西乳香、红胡椒。乔木；树皮灰白，老茎有垂直深裂痕。奇数羽状复叶互生，小叶长椭圆形或卵状长椭圆形，叶尖钝；叶柄具狭翼。圆锥花序，生于枝顶或枝梢叶腋；花萼短，5裂；花瓣5，白色。核果球形。花期4—5月；果期7—9月。原产于巴西。热带地区有栽培或逸生。种子有胡椒和陈皮香味，可作香料；树脂也可作香料。

## 黄金串钱柳

中文学名溪畔白千层，别名千层金、金叶白千层、黄金香柳。桃金娘科白千层属常绿灌木或小乔木植物。喜光，阳光越强叶色越艳，光照弱则叶色暗淡。叶片芳香宜人，所含的挥发油具有净化空气杀菌除尘的效果，可以蒸馏方式提取纯天然植物精油，其独特香味有助于提神醒脑。

## 依兰

别称伊兰香、大叶依兰、加拿楷。常绿乔木，高可达20米。树干通直，树皮灰色。叶膜质至薄纸质，卵状长圆形或长椭圆形，叶面无毛，仅在叶背脉上被疏短柔毛。花序单生于叶腋，花大，黄绿色，芳香；花梗被短柔毛，具鳞片状苞片；萼片卵形，外反，绿色；花瓣线形或线状披针形。果近圆球状或卵状，黑色。花期4—8月；果期12月至翌年3月。产于菲律宾、马来西亚、缅甸和印度尼西亚等地。世界各热带地区均有栽培，我国福建、广东、广西、海南、四川、台湾、云南等省区也有栽培。花有浓郁香气，可提取高级香精油，称“依兰油”及“加拿楷油”；亦可作观赏植物。

# 第二部分

# 花信芬芳

花气氤氲处，暗香浮动时。

花与香的相遇，是天地间最诗意的馈赠。当晨露未晞的花瓣与匠人的巧思相遇，当转瞬即逝的芬芳与文人的笔墨相逢，便成就了一段穿越时空的香事因缘。

循着花香的痕迹，在绽放与凋零之间，在具象与意象之界，中国人形成了以花为媒、以香传情的生命美学，那些被封存在器物中的花香，那些流淌在诗词里的芬芳，都在诉说着一个永恒的命题：如何将刹那芳华，凝练成永恒的心香。

## 玉兰盆景

花盆采用景泰蓝工艺。以芙蓉石雕琢玉兰，色泽柔和，呈现玉兰花的不同形态与独特纹理，呈现舒展绽放的姿态。芙蓉石玉兰与景泰蓝盆巧妙搭配，营造出自然又具艺术感的盆景景观。

玉兰：象征纯洁、高尚、真挚，寓意美好爱情、不变友情、无私亲情，承载人们对美好情感与品质的向往。

## 灵芝盆景

以玉石雕琢灵芝，金本塑造枝干。“金本”一般指以浆料塑制枝干形态后贴金箔，让盆景呈现金光闪闪的效果，工艺复杂。盆景造型逼真，精细呈现灵芝的纹理与形态，金本工艺的使用使盆景华贵富丽。

灵芝：自古被视为祥瑞之物，象征吉祥如意、健康长寿、富贵祥瑞，汉代就奠定其文化地位，与凤凰、麒麟并列，代表着人们对美好生活的向往。

## 梅花玉石盆景

花盆采用景泰蓝工艺。芙蓉石雕琢出的梅花，色泽粉嫩柔和，梅花含苞待放的姿态。芙蓉石梅花与景泰蓝盆巧妙搭配，营造出自然又具艺术感的盆景景观。

梅花：象征坚韧高洁、冰清玉洁，常被赋予“梅寿长春”等寓意，代表对长寿、美好精神品格的追求，也寄寓文人雅士的情怀。

## 玉兰玉石盆景

花盆采用景泰蓝工艺。以芙蓉石雕琢玉兰，色泽粉嫩柔和，展现玉兰花的形态与纹理，呈现舒展绽放的姿态。芙蓉石玉兰与景泰蓝盆巧妙搭配，营造出自然又具艺术感的盆景景观。

玉兰：象征纯洁、高尚、真挚，寓意美好爱情、不变友情、无私亲情，承载人们对美好情感与品质的向往。

## 喜上眉梢瓷瓶

景德镇湖田陶瓷研究所喻海根大师精心创作的瓷瓶，以“喜上眉梢”为题材，巧妙诠释东方祥瑞意蕴。瓶身之上，梅枝虬劲舒展，朵朵梅花凌寒绽放，质感细腻；灵动雀鸟立于枝头，或昂首欢啼，或侧首顾盼，姿态鲜活。釉色温润如玉，青花勾勒与彩绘渲染相得益彰，将传统吉祥寓意与精湛制瓷技艺完美融合，既承载美好祝愿，又彰显艺术匠心。

## 清晚期粉彩雕瓷瓶（残）

此件清晚期雕瓷珍品，以精湛技艺尽显粉彩之妙。瓷身满工雕琢，荷花姿态各异，或含苞待放，或娇艳盛开，花瓣层次分明；荷叶舒展卷曲，叶脉纹理细腻入微。荷塘间，游鱼摆尾穿梭，鸭子嬉戏水中，白鹭单足静立、引颈远眺，皆以立体雕刻塑造，形态逼真灵动。粉彩上色浓淡相宜，红荷、碧叶、白鸟、金鳞相互映衬，釉面莹润，将荷塘生趣凝固于瓷，集工艺与艺术之美，尽显清晚期雕瓷工艺的卓越水准与匠心独运。

## 春艳瓶

唐英御窑陶艺中心出品的春艳瓶，由景德镇大师吴胜华匠心创作。以经典斗彩工艺为笔，于瓷瓶之上勾勒出盎然春景。瓶身花鸟相映成趣，花枝摇曳生姿，鸟儿灵动鲜活，色彩过渡自然，釉色浓淡相宜。青花与五彩巧妙交融，在莹润的瓷胎上绽放生机。作品传承御窑制瓷精髓，兼具传统韵味与艺术美感，将春日的蓬勃朝气凝于瓶身，尽显东方美学雅韵。

## 花鸟瓷瓶

此圆形瓷瓶由景德镇湖田陶瓷研究所喻海根大师精心创作，以花鸟牡丹为主题，尽显东方雅韵。瓶身之上，雍容牡丹层层绽放，花瓣以细腻笔触勾勒，红粉釉色晕染自然，尽显华贵之姿。遒劲枝干间，鸟儿静栖，羽毛纹理清晰，神态悠然自若。整体构图简洁纯粹，以精湛的制瓷工艺，将牡丹的富丽与鸟儿的闲适定格于莹润瓷面，于简约中彰显匠心与艺术之美。

## 国色天香瓷瓶

国色天香瓷瓶由景德镇李燕大师匠心打造，以纯粹的花卉、蝴蝶为主题，勾勒东方美学画卷。瓶身之上，牡丹花瓣层叠舒展，或娇艳盛放，或含羞半绽，釉色浓淡相宜，尽显国色芳华。翩跹蝴蝶萦绕花间，翅膀纹理细腻，姿态轻盈灵动。画面构图疏密有致，笔触流畅自然，将牡丹的雍容与蝶舞的柔美融为一体，于莹润瓷胎间，演绎出独属于东方的雅致与浪漫。

## 花卉瓷瓶

工艺美术大师熊婕倾心创作的瓷瓶，将花卉、水面与蜜蜂巧妙融合于莹润瓷胎之上。瓶身描绘盛放的花卉，花瓣色彩绚丽，笔触细腻生动；下方水面以渐变釉色晕染，波光粼粼间折射灵动光影；蜜蜂穿梭花间，振翅姿态栩栩如生。作品将自然景致凝于方寸，构图疏密有致，传统工艺与艺术巧思交融，尽显生机勃勃的春日画卷与独特艺术魅力。

## 绣球香飘瓷瓶

景德镇李燕大师匠心之作绣球香飘瓷瓶，以单一淡黄色为主调，演绎纯粹之美。瓶身之上，绣球花团簇绽放，层层叠叠的花瓣通过浓淡变化的淡黄釉色细腻呈现，从花蕊的浅淡到花瓣边缘的温润过渡，光影流转间尽显柔美。无杂色点缀，亦无繁复纹饰，仅以单色勾勒绣球的清雅姿态，搭配圆润瓶身与莹润釉面，将极简美学与东方意蕴完美融合，尽显静谧雅致的艺术格调。

## 写意花卉瓷瓶

景德镇湖田陶瓷研究所喻海根大师的写意花卉瓷作，以瓷为纸，釉彩为墨，挥洒东方神韵。瓶身之上，花卉形态妙趣横生，寥寥几笔勾勒出花枝的遒劲，酣畅淋漓的釉色晕染绽放的花朵，似在风中摇曳生姿。摒弃繁复写实，以洒脱笔触捕捉花卉灵动气韵，将传统写意精神与陶瓷工艺完美融合，于莹润瓷胎间，尽显自然意趣与艺术张力，彰显大师深厚的创作功底与独特审美。

## 瓷瓶

大师瓷瓶佳作，以淡雅之姿绘就水墨荷塘。瓶身之上，荷花敛去艳色，仅以浅淡粉白晕染花瓣，荷叶亦着青灰墨色，层层叠叠间透出朦胧诗意。池塘水波以细笔轻描，若隐若现。一只蜻蜓栖于荷尖，灰褐翅膀纹路纤毫毕现。整幅作品不着浓艳，却以素净之色、含蓄之态，勾勒出江南水乡的清幽意境，尽显东方美学的内敛与雅致。

## 长颈瓶

景泰蓝（铜胎掐丝珐琅）是中国传统工艺，以铜为胎，经掐丝（将扁铜丝掐成花纹粘于胎上）、点蓝（填珐琅质色釉）、烧蓝、打磨、镀金等多道复杂工序制成。此长颈瓶造型修长优美，瓶颈纤细，瓶腹圆润，以蓝地珐琅为底色，饰缠枝花卉等纹样，色彩丰富绚丽，掐丝精细，尽显景泰蓝工艺“图案庄重、色彩富丽”特色。作为观赏陈设，承载传统工艺美学，见证匠人们的精湛技艺与创造力，是传承中国传统工艺文化的生动载体。

## 景泰蓝小天球瓶

传承千年铜胎掐丝珐琅工艺，以优质铜为胎，经掐丝、点蓝、烧蓝等多道工序精制而成。瓶身小口长颈、圆腹饱满，比例优雅。蓝色珐琅釉底上，缠枝花卉与莲瓣纹栩栩如生，寓意吉祥。

## 景泰蓝瓶

传承铜胎掐丝珐琅工艺。以红铜为胎，掐丝勾勒花鸟牡丹纹，填彩釉经高温烧制而成。红色明艳，金饰点缀，造型典雅。集冶金、铸造、绘画等工艺于一体，是中式美学与非遗技艺的融合。

## 翡翠花卉摆件（一）

以翡翠为原料，雕刻出牡丹等花卉形态。利用翡翠天然的白绿色泽分布，白色部分雕琢花瓣、枝叶，绿色部分巧作点缀，呈现出独特的色彩层次，展现翡翠的温润质感与天然之美。运用浮雕、透雕等技法，精细刻画牡丹的花瓣层次、叶片脉络，以及花枝的曲折形态，将花卉的生机与灵动立体呈现，体现雕刻师对细节的精准把控，尽显其精湛技艺。

## 翡翠花卉摆件（二）

以翡翠为原料，雕刻花鸟等元素。借翡翠天然色泽纹理，经精湛雕刻呈现栩栩如生的花鸟形态，常见牡丹、喜鹊等组合，寓意丰富（如富贵吉祥、生机美好），兼具艺术观赏性与文化内涵，是玉雕艺术与翡翠之美的融合，展现传统工艺魅力与对美好生活的期许。

## 牡丹缂丝

牡丹缂丝制品，匠心呈现千年缂丝技艺之美。缂丝采用“通经断纬”技法，以蚕丝为经，彩色丝线为纬，通过小梭子依花纹轮廓分段织纬，使图案正反如一，立体感十足。画面中，雍容华贵的牡丹绽放，花瓣层层叠叠，色泽绚丽，枝叶舒展灵动，将“花中之王”的富丽姿态展现得淋漓尽致。

## 繁花缂丝

缂丝为宋代盛行的精美织物，以“通经断纬”技法，生丝为经、彩丝为纬，小梭子分段织就。此作以红缎为底，彩色丝线缂出多样花卉，针法细腻，色彩绚丽，呈现繁花盛放之态，尽显传统精湛工艺，兼具装饰、收藏价值，传承东方美学。

## 李玉振：花鸟

李玉振，民国北平女画家。新华艺专邱石冥弟子。作品作于癸未（1943年）。以工笔画法尽显绚丽色彩，彰显写实之风。

## 蒋尧祖：花卉

晚清画家蒋尧祖，作品作于丙申（1896年）。宗法清初画坛领袖恽寿平，以没骨画法绘制五色牡丹。

## 张聿光：富贵白头

张聿光（1885—1968），字鹤苍头，别号冶欧斋主，中国现代画家、艺术教育家。在“新舞台”首先设计使用布景，改变了京剧的传统舞台面貌，为我国早期的舞台美术家。中华人民共和国成立后，张聿光被聘为上海中国画院画师。此件作品作于1940年。

## 齐良已：雨后园林满庭风露

齐良已（1923—1988），字子泷，号迟迟，白石五子，胡宝珠所生。此件作品以齐派大写意笔墨绘制玉簪花，以破墨画法绘制蜜蜂翅膀，是一件齐派花卉精品，延续了白石老人作画贵在似与不似之间的艺术追求。

## 丁宝书：三秋图

丁宝书，字云轩，别署芸轩，号懒道人、幻道人，清同治五年（1866年）二月二十九日生，无锡城内书院弄摇车湾人。清光绪十九年（1893年）恩科副贡。自幼酷好国画，从同邑高研五习翎毛花卉。旋宗恽寿平，兼以写生。晚年精参华岩，所作神采生动，古艳雅逸，无时习。任上海文明书局编辑，辑印《中华古今画范》《张子祥课徒画稿》，均足津梁后学。著《芸轩画萃》《题画诗集》。卒年七十一。此件作品丁氏以恽南田的没骨画法创作而成。

## 玉阶女史：花卉

作者不详，晚清女画家。以没骨画法在细绢上绘制而成，给人如沐春风之感。

第三部分

# 炉烟禅心

一炉初热，万虑皆澄。

香炉不语，却承载着千年的呼吸与凝视。当香插轻触炉灰，当烟缕攀缘而上，器物便成了心境的映照——或如博山炉中蓬莱远岫，或似瓷炉内明月空潭。本部分以香炉为引，在铜铁与泥土的温润间，在造型与烟迹的虚实里，探寻中国人『以器载道』的哲思。那些被时间摩挲的器形，那些随香气沉淀的禅意，都在追问：最深的静谧，是否总生于最微小的火苗之中？

## 景泰蓝花熏

采用卡克图工艺制作而成的莲花熏，是一件精美的艺术品，结合了莲花图案和熏香功能。精致的莲花造型与高品质的卡克图工艺相结合，既能观赏又兼具实用价值，是收藏与家居装饰的绝佳选择。

## 景泰蓝香炉

传统工艺珍品，以铜为胎，采用掐丝珐琅工艺。炉身主体蓝色，饰精美掐丝图案，腹部有麒麟等纹饰，色彩绚丽，金线勾勒轮廓，釉面光泽莹润。两侧为独特造型耳，三足饰金色兽首，增添华贵。

## 铜镀银錾花香炉

主体以铜为胎，表面经镀银工艺处理，呈现银白亮丽色泽，岁月沉淀形成独特包浆，添古朴韵味。炉身两侧饰有龙形耳，造型生动，似有灵动气韵；炉身遍布錾刻花纹，工艺精细，图案为传统吉祥纹饰，传递美好寓意；三足设计稳固，足部亦有雕刻，与整体风格协调。

## 绿玛瑙狮子香炉

绿玛瑙是玛瑙的一种，因含致色元素呈现绿色调，有淡绿、深绿等不同色泽，质地细腻温润，具玻璃光泽。炉盖饰狮子钮，炉耳为衔环兽首造型，与绿玛瑙材质融合，营造古朴或华丽风格。玛瑙自古受重视，被认为有驱邪、祈福等寓意。绿玛瑙除具玛瑙共性文化内涵，绿色还常关联自然生机、宁静祥和，象征生命力与美好愿景。

## 玛瑙狮子鼎

炉盖饰狮子钮，炉耳为衔环兽首造型。玛瑙自古受重视，红玛瑙象征吉祥幸福，红色代表喜庆好运，被视为带来幸福正能量；代表勇气力量，可助增强勇气与自信心、克服困难；寓意健康活力，在传统观念里有助于促进血液循环、增强身体活力。

## 景泰蓝五供

又称掐丝珐琅五供，一般由1个香炉、1对烛台、1对花觚组成，常陈于宗祠灵台前、庙宇造像前，用于祭奠先祖、供奉神佛，也常见于皇家祭祀仪式，承载文化内涵与精湛工艺。

其造型多仿青铜器，在清代乾隆年间尤为盛行。以铜为胎，用扁铜丝掐成花纹焊于胎上，再填珐琅质色釉烧制，即“铜胎掐丝珐琅”工艺（景泰蓝）。不同展品在尺寸、具体纹饰等细节上有差异，有的以天蓝色珐琅为地，饰缠枝莲、兽面、夔龙等纹。

## 雕漆炉

传承古老雕漆工艺，以木胎为底，经多层髹漆、精雕而成。通体红漆明艳，盖与炉身满布精美纹饰，线条流畅，构图繁密。双耳、三足设计古朴，兼具实用与艺术价值。焚香时烟韵透过镂空飘散，古韵悠然，是中式香道与传统工艺融合的珍品。

## 白玉香炉（一）

以和田白玉为材制香炉，自带温润光泽，令香炉尽显典雅大气。炉身为宝相花纹，常见于传统玉器、瓷器等工艺装饰。宝相花融合多种花卉形态，花瓣规整、层次丰富，象征吉祥、美满，体现古典审美与文化寓意，给器物增添典雅庄重之感。

## 白玉香炉（二）

以和田白玉为材制香炉，自带温润光泽，令香炉尽显典雅大气。炉身为双龙纹图案，双龙相对，线条婉转流畅，以传统雕刻技法呈现，富有古朴典雅韵味，常寓意祥瑞、守护，是古玉器装饰中经典的吉祥纹饰，展现中式工艺对龙纹题材的运用巧思与审美表达。

## 玛瑙香炉（一）

玛瑙材质的香薰炉。玛瑙是玉髓类矿物的一种，色彩丰富、纹理美观，常被用于雕刻工艺品。其色泽温润，造型有传统工艺特征。

## 玛瑙香炉（二）

以玛瑙为原料，经切割、雕刻、打磨、抛光等多道工序制成。因玛瑙质地、纹理各异，每件香炉都是独特的。玛瑙香炉可用于熏香，营造香气氛围，帮助人们放松、静思，是传统香道活动中的重要器具，也可作为文房雅玩，增添生活意趣。

## 绿玛瑙香炉

以绿玛瑙为材质打造的香具，绿玛瑙属中档宝石，有玻璃或蜡质光泽，纹理自然流畅，部分优质品透光可见精美纹理。此香炉俏色巧雕，器型雅致。

## 铜胎掐丝珐琅炉

炉身饰有缠枝花卉等传统纹样，色彩丰富（如黄、红、白等彩釉），图案精美，掐丝细腻，体现传统工艺的精致，兼具实用（焚香等）与艺术收藏价值，是珐琅工艺与古典器型结合的典型器物。

铜炉（一）

造型为鼎式，有双耳、三尖足，炉身饰有“福”“禄”字样，整体呈现出古朴的质感。

## 铜炉（二）

属焚香器具，为中国古代铜器独特品种，兼具实用与艺术价值，还蕴含传统吉祥文化。

## 水晶螭龙香炉

水晶是一种石英结晶体矿物，硬度较高、透明度好。此香炉造型规整，盖顶有螭龙雕刻装饰，两侧设耳状部件，搭配底座。

## 碧玉香插

以碧玉为原料，碧玉属和田玉范畴，颜色多为菠菜绿、阳绿等，质地温润细腻。多仿荷叶自然形态，或为单片荷叶卷曲成香插主体。此香插边缘模拟荷叶翻卷起伏，中间低洼处为承接香灰或插香的区域，形态逼真。荷叶在传统文化中象征纯洁、吉祥、清廉，“荷”与“和”“合”谐音，有和谐、和睦之意。

## 双耳炉（一）

龙泉窑双耳炉，传承千年青瓷工艺。以优质瓷土为胎，施翠青釉，经高温烧制而成，釉色温润似青玉。双耳对称，线条流畅，器型规整古朴，尽显宋韵雅趣。可作香道雅器，营造静谧氛围，又具收藏价值，是龙泉窑经典之作，承载中式美学。

## 双耳炉（二）

龙泉窑双耳炉，传承千年青瓷工艺精髓。以优质瓷土为胎，施以温润如玉的青釉，经高温烧制而成，釉色淡雅清新。双耳对称设计，线条流畅自然，器型简约古朴，尽显宋式美学韵味。可作香道雅器，静燃一香，营造出宁静悠远的氛围；又因龙泉窑的历史文化价值，成为收藏赏玩的佳品，承载着中式雅致生活的诗意。

## 卷草纹镂空香炉

龙泉窑卷草纹镂空香炉，传承宋代名窑技艺。以优质瓷土为胎，施青釉经高温烧制而成，釉色温润似青玉。盖面精雕卷草纹，镂空设计让香气悠然溢出，兼具实用与艺术价值，是营造雅致氛围、感受宋韵香道文化的佳器。

## 粉青莲花香插

龙泉窑粉青莲花香插，传承宋代名窑技艺。以优质瓷土为胎，施粉青釉，经高温烧制而成，釉色温润如青玉，莹润典雅。盖面浮雕莲花，线条细腻，既为香道雅器，营造宁静禅意，又具宋瓷美学韵味，是实用与艺术融合的龙泉窑经典之作，彰显中式雅致生活。

## 旋纹莲花香插

龙泉窑旋纹莲花香插，传承千年窑火技艺。以优质瓷土为胎，施粉青釉，经高温煅烧而成，釉色温润若春水。盖面浮雕莲花，搭配旋纹，线条流畅。既是香道雅器，营造禅意氛围，又承载宋瓷美学，实用与艺术兼具，尽显中式雅致风骨。

## 葫芦香插

龙泉窑葫芦香插，传承南宋经典葫芦造型，寓意“福禄”。以优质瓷土为胎，施粉青釉，经高温烧制而成，釉色温润似青玉。葫芦小巧精致，既是香道雅器，可营造静谧禅意氛围，又具宋瓷美学韵味，实用与艺术交融。

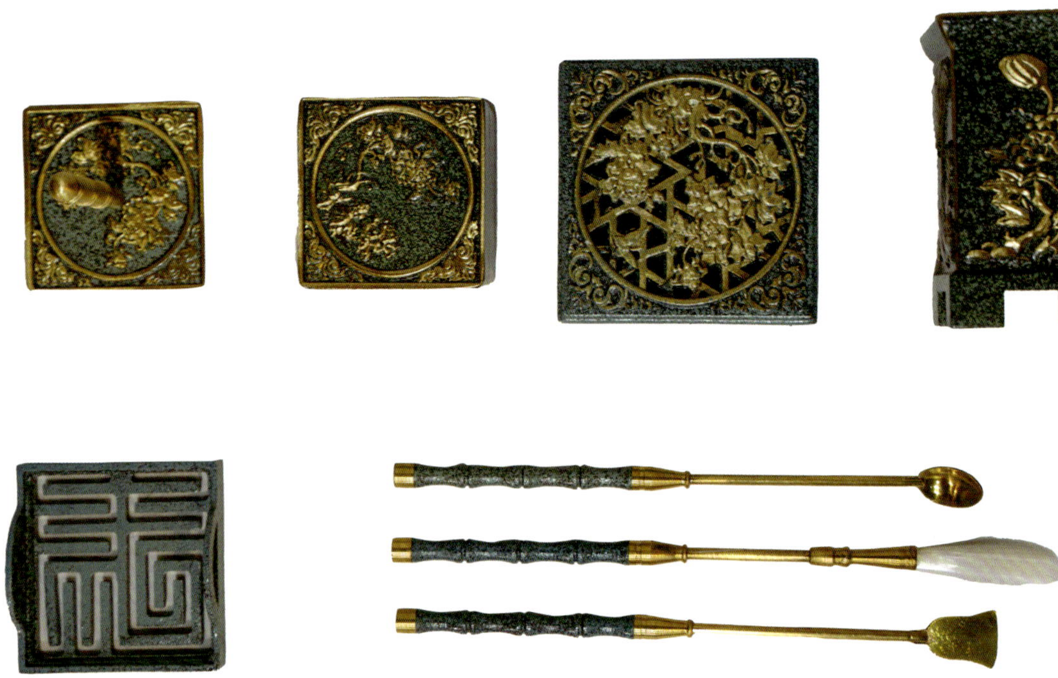

## 梅兰竹菊8件套（中式古典蓝）

铜制梅兰竹菊8件套香道工具，采用中式古典蓝配色，融合传统“四君子”元素。浮雕工艺细腻，图案栩栩如生，蓝金配色典雅大气。

## 梅兰竹菊8件套（仿古色）

铜制梅兰竹菊8件套香道工具，采用仿古工艺，呈现古朴色泽。以梅、兰、竹、菊为主题，造型精巧，浮雕细腻，尽显“四君子”风雅神韵。

第四部分

# 怀袖生香

香随身动，气随身转。

香囊与香盒，是古人随身携带的微型香境。一枚香丸的暗转，一缕丝线的缠绕，皆藏着对气息的执着。透过这些盈握之物，香气挣脱空间的桎梏。方寸之间，既容得下草木精魂，也载得动人世悲欢。当现代手指触碰这些精巧机关时，或可感知：最私密的气息，往往通向最辽阔的精神原野。

## 镀金梅兰竹菊香囊

具有宫廷风格，运用花丝镏金烧蓝工艺制作的香囊饰品。四件香囊烧制的图案分别为梅兰竹菊造型。花丝工艺是中国传统珠宝制作技艺，镏金（鎏金）会让银饰品呈现华贵色泽，并延缓银饰氧化的时间。烧蓝则是在金属胎上珐琅彩烘烤出色彩图案，展现复古精美，常应用于古典首饰设计。

## 银四君子香盒

四件香囊烧制的图案分别为梅兰竹菊造型，每一种花卉都栩栩如生，仿佛能闻到梅花的清香、兰花的幽雅、翠竹的清新和菊花的淡雅。花丝烧蓝工艺是中国传统珠宝制作技艺，是国家级非物质文化遗产“花丝镶嵌”中的一种古法技艺。

## 镀金烧蓝花丝圆香囊

中国传统工艺品，体现了中国古代匠人的智慧和技艺。这类工艺品不仅具有实用价值，还具有很高的艺术价值和文化意义。通常用于佩戴或悬挂，以散发香气和驱除异味。香囊形状为圆形，便于携带和使用。

## 珍珠香盒

精致的珍珠链配以细腻的花丝香囊，展现出古典与现代的完美融合。珍珠链由圆润光滑的珍珠串联而成，每一颗珍珠都闪烁着柔和的光泽，搭配在采用传统工艺制作而成的香囊上，与繁复而美丽的烧蓝图案相得益彰。佩戴时散发出淡淡的香气，让人感受到一种宁静与优雅的气息。整个饰品不仅是一件华丽的装饰品，更是一种文化的传承和艺术的体现。

## 五方漆盒

六边形，整体造型别致、立体，盒面以深沉底色为衬，其上运用金漆彩绘工艺，精心绘画出多种花卉图案，栩栩如生。周围环绕着灵动的祥云纹，线条婉转流畅，增添了神秘飘逸之感。金色线条勾勒图案轮廓，凸显精致细节，使整件器物散发着古典华贵的气息，尽显传统工艺之美。

## 牡丹漆盒

雕漆工艺为“燕京八绝”之一，传承千年，工艺繁杂。这款手捧盒以实木为胎，由当地资深匠人纯手工打造。盒身牡丹雕琢精致，花瓣层次分明，叶片栩栩如生。经制胎、髹漆、雕刻等数十道工序精制而成，漆面厚实，朱红明艳。

## 金漆彩绘盒

长方形，以神秘的黑色为底色，洋溢着浓郁的传统韵味。盒身之上，以金色精心绘制花卉图案，布局精巧，金色在黑色映衬下熠熠生辉，尽显传统工艺的精致与典雅。

## 大叶檀镶嵌盒

盒材质为大叶紫檀，质地坚硬、纹理优美，彰显出古朴典雅的气质。盒面上运用镶嵌工艺，将玉石、螺钿等精心雕琢成蝴蝶、小鸡造型。小鸡憨态可掬，栩栩如生；花枝婉转，花朵与叶片的色泽搭配和谐自然，每一处镶嵌都精准巧妙，尽显工艺之精湛。

## 双漆盒

雕漆盒，传承北京雕漆工艺，以优质漆料髹涂，经精细雕刻而成。盒身红漆层叠，镂空雕花精致，图案含吉祥寓意。

## 卡克图盒

采用卡克图工艺，盒身雕刻细致入微，展现出独特的艺术魅力。整个方盒设计优雅，兼具实用性和观赏性。

## 珐琅圆盒（一）

以铜为胎，经掐丝珐琅工艺打造而成。盒身黄地珐琅，绘缠枝纹；盖面呈现荷塘景致，荷花、蜻蜓栩栩如生，色彩明艳。

## 珐琅圆盒（二）

采用传统掐丝珐琅工艺，以铜为胎，经掐丝、点蓝、烧制等多道工序精制而成。盒身黄地珐琅，饰缠枝纹；盖面绘花鸟牡丹，色彩鲜丽，图案生动。

## 福寿小盒

珐琅福寿盒，以铜为胎，经掐丝珐琅工艺打造而成。盒身黄地珐琅，绘多彩蝙蝠与寿桃，“蝠”通“福”，寿桃象征长寿，寓意福寿双全。造型小巧别致，工艺精湛，色彩明艳。

## 九桃盒

珐琅九桃盒，以黄釉为底，采用传统珐琅工艺，绘有桃树、桃花与饱满鲜桃，“九桃”寓意长寿无极、天长地久。造型别致，色彩明艳，工艺精湛。

## 雕漆盒（一）

铜胎雕漆小盒，传承非遗雕漆工艺，以铜为胎，髹涂多层红漆后精雕花卉纹，刀法细腻，图案立体生动。盒内蓝漆、边缘铜质点缀，配色典雅。

## 雕漆盒（二）

铜胎雕漆小盒，传承经典雕漆工艺，以铜为胎，髹涂多层红漆后精雕花卉图案，刀法细腻，纹理立体生动。盒内漆色沉静，与朱红盖面呼应，古韵悠然。

# 结语 余香

那些封存在本草叶脉里的芬芳，那些凝结于香炉器形中的巧思，那些缠绕在香囊丝线间的心事，终将归于尘土。但每一次与香的相遇，都是对永恒的短暂触碰——当我们的鼻息掠过千年，草木的精魂便又一次醒来。

或许，香从未真正消散。它只是以另一种形态，继续生长在记忆的缝隙里，等待下一次被目光、被指尖、被呼吸重新唤醒。